BEI GRIN MACHT SICH IHR
WISSEN BEZAHLT

- Wir veröffentlichen Ihre Hausarbeit,
  Bachelor- und Masterarbeit

- Ihr eigenes eBook und Buch -
  weltweit in allen wichtigen Shops

- Verdienen Sie an jedem Verkauf

Jetzt bei www.GRIN.com hochladen
und kostenlos publizieren

Bibliografische Information der Deutschen Nationalbibliothek:

Die Deutsche Bibliothek verzeichnet diese Publikation in der Deutschen National-bibliografie; detaillierte bibliografische Daten sind im Internet über http://dnb.d-nb.de/ abrufbar.

Dieses Werk sowie alle darin enthaltenen einzelnen Beiträge und Abbildungen sind urheberrechtlich geschützt. Jede Verwertung, die nicht ausdrücklich vom Urheberrechtsschutz zugelassen ist, bedarf der vorherigen Zustimmung des Verlages. Das gilt insbesondere für Vervielfältigungen, Bearbeitungen, Übersetzungen, Mikroverfilmungen, Auswertungen durch Datenbanken und für die Einspeicherung und Verarbeitung in elektronische Systeme. Alle Rechte, auch die des auszugsweisen Nachdrucks, der fotomechanischen Wiedergabe (einschließlich Mikrokopie) sowie der Auswertung durch Datenbanken oder ähnliche Einrichtungen, vorbehalten.

Impressum:

Copyright © 2011 GRIN Verlag, Open Publishing GmbH
Druck und Bindung: Books on Demand GmbH, Norderstedt Germany
ISBN: 978-3-656-07548-6

Dieses Buch bei GRIN:

http://www.grin.com/de/e-book/183318/brandschutzkonzept-fuer-ein-seminarge-baeude

Alexander Liebram

Brandschutzkonzept für ein Seminargebäude

GRIN Verlag

GRIN - Your knowledge has value

Der GRIN Verlag publiziert seit 1998 wissenschaftliche Arbeiten von Studenten, Hochschullehrern und anderen Akademikern als eBook und gedrucktes Buch. Die Verlagswebsite www.grin.com ist die ideale Plattform zur Veröffentlichung von Hausarbeiten, Abschlussarbeiten, wissenschaftlichen Aufsätzen, Dissertationen und Fachbüchern.

Besuchen Sie uns im Internet:

http://www.grin.com/

http://www.facebook.com/grincom

http://www.twitter.com/grin_com

Hausarbeit für das Fach „Brandschutz"

Name:	Alexander Liebram
Studiengang:	Regenerative Energie & Energieeffizienz
Fachbereich:	15 (Maschinenbau)
Abgabedatum:	22.07.2011

Inhalt

Alexander Liebram
Studiengang Regenerative Energie & Energieeffizienz

1. Abkürzungsverzeichnis

§	-	Paragraph
%	-	Prozent
A	-	nicht brennbar
B	-	brennbar
BMA	-	Brandmeldeanlage
BMZ	-	Brandmeldezentrale
bzw.	-	beziehungsweise
dB	-	Dezibel
DIN	-	Deutsche Industrienorm
F	-	Feuerwiderstandsdauer
HBO	-	Hessische Bauordnung
ISO	-	Internationale Organisation für Normung (vom griechischen „isos" = gleich)
m	-	Meter
M	-	Widerstand gegen mechanische Beanspruchung
m²	-	Quadratmeter
min	-	Minuten
RS	-	Rauchschutztür
RWA	-	Rauch-Wärme-Abzug
T	-	Tür

2. Einführung

Brände kosten jedes Jahr pro 1 Million Einwohner in Deutschland 7,1 Menschen das Leben, also etwa 580 Menschen sterben jedes Jahr aufgrund von Brandfolgen, darunter 80% in Folge von Rauch (World Fire Statistics Center 2008). Der Anteil an Wohnungsbränden beträgt ebenfalls 80%[1]. Daher sollte der Brandschutz eine wichtige Komponente bei Neu- und Umbaumaßnahmen sein. Unter Brandschutz werden alle Maßnahmen zusammengefasst, durch die eine Brandentstehung beziehungsweise die Ausbreitung von Feuer und Rauch verhindert werden. Weiterhin soll der vorbeugende Brandschutz dafür sorgen, dass im Falle eines Brandes Menschen und Tiere gerettet werden und das Feuer mittels Löscharbeiten bekämpft werden kann. Fest verankert ist der Brandschutz im Brandschutzgesetz und den Bauordnungen der verschiedenen Länder.

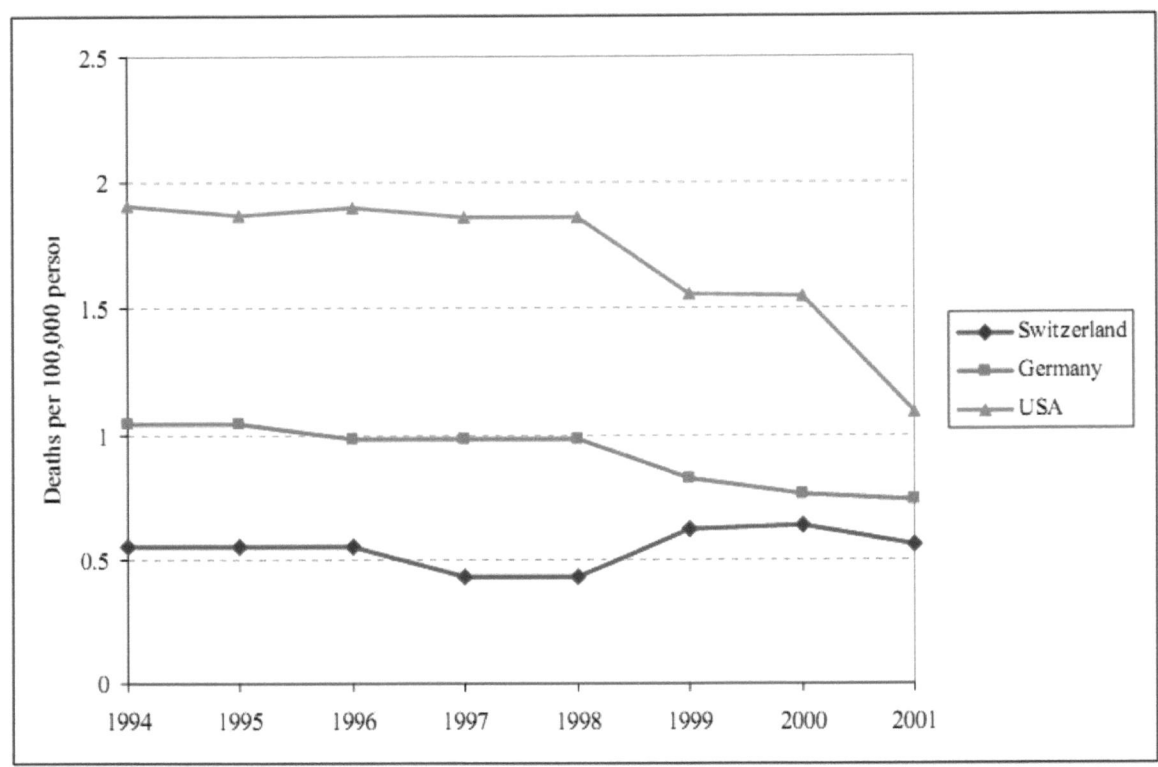

Abbildung 1: Tote durch Brände auf 100.000 Einwohner

Der vorbeugende Brandschutz gliedert sich in drei Bereiche:

- baulicher Brandschutz,
- anlagentechnischer Brandschutz,
- organisatorischer Brandschutz.

---

[1] siehe Literaturverzeichnis [4]

Wenn der vorbeugende Brandschutz in weiten Teilen versagt hat, kommt der abwehrende Brandschutz zum Einsatz. Diese Aufgabe wird von der Feuerwehr übernommen, die den Brand löscht und dabei versucht die Begleitschäden zu gering zu halten.

Daher muss für öffentliche Gebäude und größere private Bauvorhaben ein Brandschutzkonzept von einem zertifizierten Brandschutzgutachter erstellt werden und mit den lokalen Behörden abgestimmt werden.

Der bauliche Brandschutz trifft Aussagen über das Brandverhalten und die Feuerwiderstandsdauer von Baustoffen, die Fluchtwegplanung und die Aufteilung des Gebäudes in Brandabschnitte. Weiterhin werden hier die Anforderungen an Brandwände und Brandschutztüren definiert.

Der zweite Aspekt des vorbeugenden Brandschutzes stellt die Anlagentechnik dar. Dazu zählt man Rauch- und Wärmeabzugsanlagen, Brandmeldeanlagen (optisch und akustisch), Rauchansaugsysteme und die Notbeleuchtung, sowie Brandschutzklappen und weiteres. Die anlagentechnischen Maßnahmen dienen hauptsächlich der Kompensation von Unzulänglichkeiten beim baulichen Brandschutz. Errichten, warten und instandhalten dürfen diese Anlagen nur nach DIN-ISO 9001 zertifizierte Unternehmen.

Der organisatorische Brandschutz beinhaltet die Erstellung von Alarm- und Brandschutzplänen, sowie der Brandschutzordnung. Weiterhin wird geregelt, dass ein Brandschutzbeauftragter für das Gebäude ernannt wird. Außerdem fallen unter diesen Punkt auch Weiterbildungen und Schulungen.[2]

Als Ziele des vorbeugenden Brandschutzes wurden folgende Punkte definiert:

- Verhinderung der Brandentstehung und Brandausbreitung,
- Schaffung sicherer Rettungswege,
- Schaffung sicherer Angriffswege für die Feuerwehr,
- Sicherstellung der Löschwasserversorgung,
- Schaffung geeigneter Brandmeldemöglichkeiten,
- Sicherung der Zufahrten und Zugänge für die Feuerwehr.[3]

Um diese Ziele zu erreichen müssen Rettungswege entsprechend des Gebäudetyps eine gewisse Breite und Länge besitzen. Weiterhin dürfen Sie nur aus definierten Materialien bestehen. Die brandschutztechnische Klassifizierung der Baustoffe wird durch Zuordnung in Baustoff- und

---

[2] siehe Literaturverzeichnis [1]
[3] siehe Literaturverzeichnis [2]

Feuerwiderstandsklassen vorgenommen. Die Feuerwiderstandsklasse von Werkstoffen wird von einer zugelassenen Prüfstelle ermittelt, dass heißt für neu auf den Markt kommende Bauteile wird in Brandversuchen eine Feuerwiderstandsklasse ermittelt. Die Einteilung erfolgt nach der Zeitdauer, die das Bauteil dem Feuer Widerstand leistet. Der Versagensfall liegt dann vor, wenn das Bauteil nicht mehr tragfähig ist, der Raumabschluss nicht mehr gewährleistet wird oder die Temperatur an der raumabgewandten Seite eine festgesetzte Grenze überschreitet.[4]

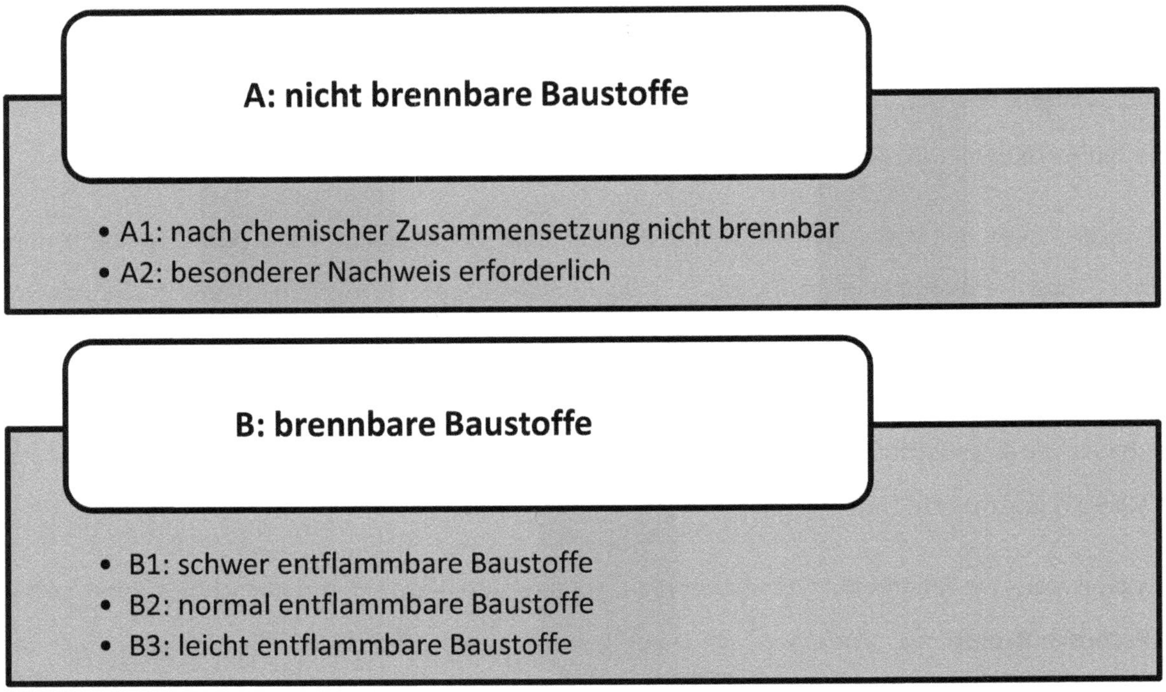

A: nicht brennbare Baustoffe

- A1: nach chemischer Zusammensetzung nicht brennbar
- A2: besonderer Nachweis erforderlich

B: brennbare Baustoffe

- B1: schwer entflammbare Baustoffe
- B2: normal entflammbare Baustoffe
- B3: leicht entflammbare Baustoffe

Abbildung 2: Baustoffklassen nach 4102, Teil 1

Verbundbaustoffe werden ebenfalls nach der obigen Aufschlüsselung klassifiziert, mit dem Unterschied, dass es eine Mischkategorie AB gibt. Diese Klassifizierung sagt aus, dass alle wesentlichen Bauteile aus nicht brennbaren Baustoffen (Klasse A) bestehen.

Feuerwiderstandsklasse	Feuerwiderstandsdauer [min]	Bezeichnung
F30	≥ 30	feuerhemmend
F60	≥ 60	hochfeuerhemmend
F90	≥ 90	feuerbeständig
F120	≥ 120	hochfeuerbeständig
F180	≥ 180	hochfeuerbeständig

Tabelle 1: Feuerwiderstandsklassen nach DIN 4102, Teil 2

Eine letztendliche Klassifizierung von Bauteilen wird durch die Zusammenführung von Feuerwiderstandsklassen und Baustoffklassen erzielt. Diese Bezeichnung sagt dann aus, wie lange das Bauteil dem Feuer widerstehen soll und aus welchem Baustoff es bestehen darf. Zum Beispiel:

---

[4] siehe Literaturverzeichnis [3]

- F60-AB: hochfeuerhemmend und im wesentlichen aus nichtbrennbaren Baustoffen
- F90-A: feuerbeständig und aus nicht brennbaren Baustoffen.

Es sind alle Möglichkeiten der Kombination aus Baustoffklasse und Feuerwiderstandsklasse denkbar und somit auch in der Norm beschrieben.[5]

Türen kommen in T-30 oder T-90 zur Anwendung, dabei wird auch noch die Rauchdichtigkeit klassifiziert.[6]

Die zeichnerischen Lösungen für die Aufgabenstellung befinden sich im Anhang (Pläne für baulichen Brandschutz, Fluchtwege, RWA und BMA).

3. Objektbeschreibung

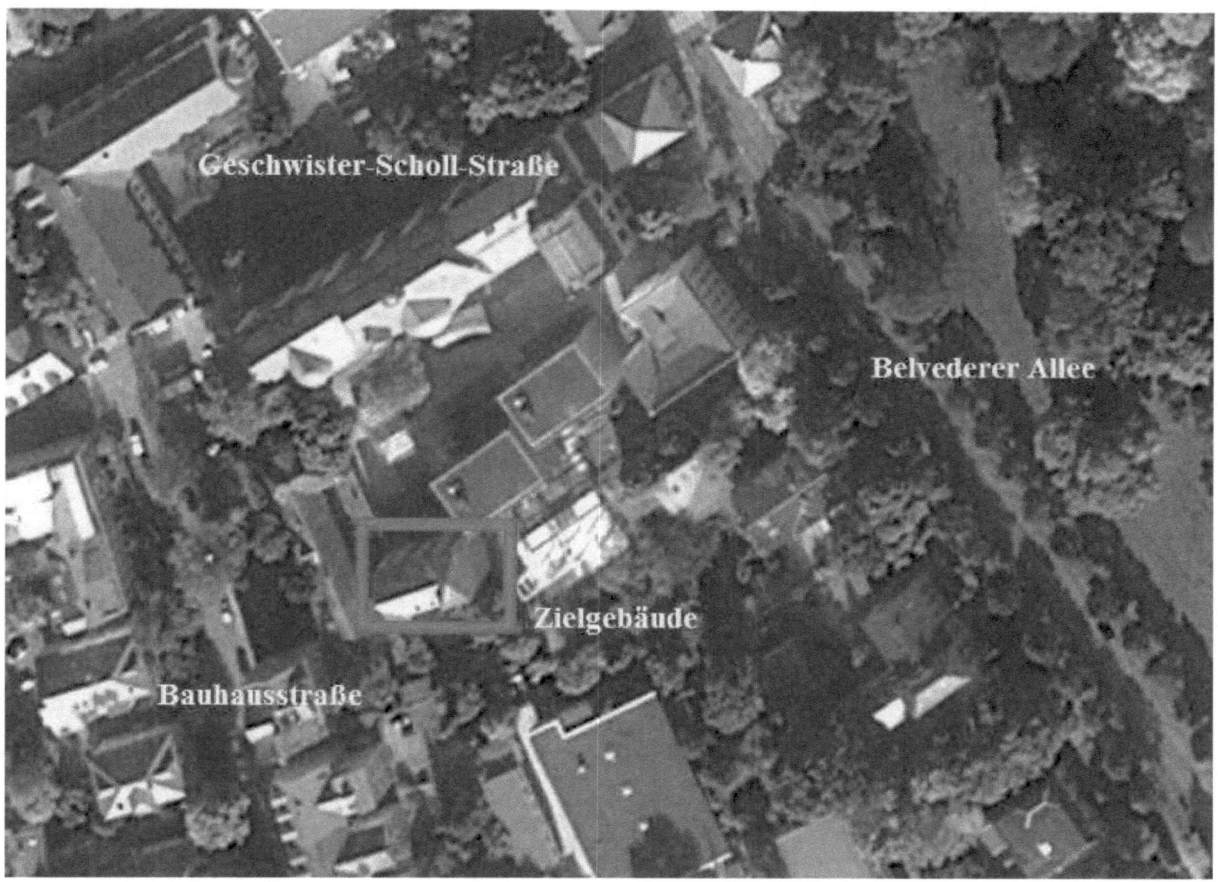

Abbildung 3: Luftbild des untersuchten Gebäudes

Bei dem gegebenen Objekt handelt es sich um ein Gebäude der Bauhaus-Universität Weimar. Es befindet im Innenhof hinter dem Van-der-Velde-Bau. Es handelt sich hierbei um ein

---

[5] siehe Literaturverzeichnis [3]
[6] siehe Literaturverzeichnis [2]

Bestandsgebäude mit einem Keller und vier Vollgeschossen. Die Nettogrundfläche beträgt 276,8m². Der oberste Fußboden liegt 9m über der Geländeoberkante.

Im Gebäude befinden sich 14 Arbeitsräume, eine Druckerei und ein Fotolabor, sowie zwei Küchen und drei Sanitärräume. Weiterhin gibt es drei Lagerräume und auf jeder Etage einen Flur. Das Gebäude ist lediglich mit einem Treppenraum erschlossen und besitzt keinen Fahrstuhl.

Das Objekt befindet sich wie bereits erwähnt in Weimar, somit würden die Vorgaben der Landesbauordnung aus Thüringen zum tragen kommen. In der Aufgabenstellung wird aus Übungsgründen die Hessische Landesbauordnung als Regelwerk genannt. Entsprechend § 2 der HBO handelt es sich um ein Gebäude der Kategorie 4: „Gebäude bis zu 13m Höhe und Nutzungseinheiten mit jeweils nicht mehr als 400m² in einem Geschoss […]"[7].

Da vom Kellergeschoss keine Grundrisse vorliegen, wird dieser im weiteren Verlauf nicht betrachtet.

Das Fotolabor und die Druckerei im Erdgeschoss des Gebäudes weisen auf eine hohe Brandlast hin, da sich hier hochentzündliche Farben befinden und Papier gelagert wird. Weiterhin entwickeln die Drucker Abwärme.

4. Baulicher Brandschutz

Der Block bzw. das Quartier wird von 3 Straßen eingeschlossen, der Bauhausstraße, der Geschwister-Scholl-Straße (welcher nur für Fußgänger und Fahrradfahrer geöffnet ist) und der Belvederer Allee. Das Gebäude befindet sich im Innenhof des Geländes. Von der Bauhausstraße Ecke Geschwister-Scholl-Straße kommend ist keine Einfahrt möglich, da Bäume den Weg versperren. Die Feuerwehr kann also nur von der Belvederer Allee an das Gebäude heranfahren. Daher sollte aus dieser Richtung kommend eine Feuerwehrzufahrt ständig frei gehalten werden. Weiterhin kann aber auch über die Bauhausstraße über das Flurstück 76 eine Zufahrt gewährleistet werden. Ob dieses Grundstück noch zum Universitätsgelände gehört ist aus dem Plan nicht ersichtlich und abzuklären. Rund um das Gebäude muss außerdem eine entsprechende Bewegungsfläche für die Einsatzfahrzeuge freigehalten werden.

Alle Festlegungen von Baustoffklassen und Feuerwiderstandsdauern von Bauteilen beziehen sich auf die Anlage 1 der Hessischen Bauordnung mit Stand April 2011. Das Gebäude besitzt einen Brandabschnitt, da keine großen Flächen vorliegen und auch keine besonderen Materialien gelagert werden oder spezielle Nutzungsänderungen vorhanden sind. Allerdings muss im Westteil eine

---

[7] siehe HBO § 2 Nr. 3

Brandwand als F90-AM (feuerbeständig, nicht brennbar, mechanisch beanspruchbar) errichtet bzw. nachgerüstet werden, da diese Wand an ein Nachbargebäude angrenzt. Somit würde im Falle eines Feuers der Brand nicht auf das nächstliegende Gebäude übergreifen. Alle anderen Außenwände müssen eine 60 minütige Feuerwiderstandsdauer aufweisen und dürfen nur aus nicht brennbarem, mechanisch belastbarem Material bestehen (F60-AM).

Da das Gebäude nur über ein Treppenhaus verfügt muss ein zweiter baulicher Rettungsweg in entgegengesetzter Fluchtrichtung gebaut werden. Dabei führt der erste und zweite Rettungsweg über den selben Flur. Die Treppenräume müssen in F60-AM (hochfeuerhemmend, nicht brennbar, mechanisch beanspruchbar) ausgeführt werden. Die Türen zu den Fluchtwegen müssen rauchdicht und selbstschließend sein, zu Lagerräumen ist zusätzlich eine Feuerwiderstandsdauer von 30 Minuten gefordert. Das Treppenhaus wird 3,50m entfernt von der westlichen Außenkante des Gebäudes errichtet, zwischen Achse 2 und 4. Die Breite der Treppenlaufbreite sollte 1,20m betragen und Geländer und Handläufe müssen auf einer Höhe von in 1,10m installiert werden. Die Bodenbeläge dürfen in der Baustoffklasse B1 ausgeführt werden, Bekleidungen, Putze, Dämmungen und Oberflächen müssen hingegen nicht brennbar sein. Die tragenden Elemente der Treppe müssen ebenfalls nicht brennbar sein. Um den Treppenraum abzugrenzen und für eine 60 minütige Beanspruchung „fit zu machen" sollte im ersten Obergeschoss und dem Dachgeschoss eine zusätzliche Wand errichtet werden.

Der Lagerraum im Erdgeschoss, in dem sich die Brandmeldezentrale befindet, darf nur aus Bauteilen in der selben Feuerwiderstandsdauer und Baustoffklasse wie die Brandwand bestehen (F90-AM), zusätzlich muss eine Tür der Kategorie T90-RS (Feuerwiderstandsdauer 90 min., rauchdicht, selbstschließend) vorgesehen werden. Nur dadurch wird sichergestellt, dass die Anlage in ihrer Funktion während eines Feuers nicht beeinträchtigt ist und funktioniert.

Der notwendige Flur wird in der Kategorie F30-B (feuerhemmend, schwer entflammbare Baustoffe) ausgeführt. Die in ihn mündenden Türen werden rauchdicht und selbstschließend ausgeführt. Oberflächen, Bekleidungen und Dämmstoffe müssen schwerentflammbar sein. Die Trennwände zu den Treppenräumen müssen unbedingt bis an die Rohdecke geführt werden. Sämtliche Durchbrüche für Kabel und Rohre müssen fachmännisch geschottet werden. Der zweite Ausgang im Erdgeschoss wird vermauert, da dort das neue Treppenhaus angrenzt. Weiterhin wird die Trennwand zwischen Lager und Aufenthaltsraum entfernt, dieser Bereich wird zum Flur umfunktioniert. Dafür wird die Küche umgenutzt und als Lagerraum verwendet. Denn im zweiten Obergeschoss und Dachgeschoss befindet sich bereits jeweils eine Küche. Der hinfällige Aufenthaltsraum wird ebenfalls in einen Raum im Obergeschoss verlegt. Durch diese Maßnahme kann auch im Erdgeschoss die Anbindung an einen zweiten Rettungsweg erfolgen. In den oberen Geschossen sollten die in den Flur mündenden Wandvorsprünge (Achse 4 und Achse 5) abgebrochen werden um Platz zu schaffen für eine Evakuierung.

Gebäudeteil/Bauteil	Kategorie	Beschreibung	Anzahl
Außenwand Nord	F90-AM	feuerbeständig, nicht brennbar	1
Außenwände O,W,S	F60-A	hochfeuerhemmend, nicht brennbar	3
Außenwände, Keller	F90-A	feuerbeständig, nicht brennbar	4
Decken	F60-A	hochfeuerhemmend, nicht brennbar	4
Decke, Keller	F90-A	feuerbeständig, nicht brennbar	1
notwendiger Flur	F30-B	feuerhemmend, schwer entflammbar	4
Treppenräume	F60-AM	hochfeuerhemmend, nicht brennbar	2
Brandmeldezentrale	F90-AM	feuerbeständig, nicht brennbar	1
Tür BMZ	T90-RS	feuerbeständig, rauchdicht, selbstschließend	1
Türen Lager, Keller, Dach	T30-RS	feuerhemmend, rauchdicht, selbstschließend	3
Türen, Rest	RS	rauchdicht, selbstschließend	37

Tabelle 2: bauliche Ausführung um Ansprüche an vorbeugenden Brandschutz zu erfüllen

5. Fluchtwegplanung

Wie bereits im Abschnitt „Baulicher Brandschutz" erläutert muss ein zweites Fluchttreppenhaus errichtet werden, um dem Anspruch, der zwei baulich getrennte Rettungswege fordert, nachzukommen. Bei den dann vorhandenen zwei Ausgängen sind maximale Rettungsweglängen von 35m erlaubt. Der längste Fluchtweg im Gebäude beträgt jedoch nur etwa 17m. Hier würde man sogar die Anforderungen von 20m bei nur einem Ausgang einhalten. Die zwei Rettungswege führen über den selben Flur, allerdings in entgegengesetzte Richtungen.

Die Türen müssen in Fluchtrichtung aufschlagen, weiterhin ist es sinnvoll an der Innenseite der Tür einen Fluchtwegplan anzubringen. Die Rettungswege müssen immer benutzbar, sicher begehbar, beleuchtet und gekennzeichnet sein. Eine Kennzeichnung sollte über beleuchtete Piktogramm-Symbole vorgenommen werden. In den Fluren dürfen sich keine Brandlasten befinden. In der Nähe des Haupteingangs auf der Nordseite kann die Sammelstelle eingerichtet respektive eingeplant werden.